CONTRIBUTION A LA CONNAISSANCE

DES

MATIÈRES EXTRACTIVES DE L'URINE

PAR

Le Dr A. Gabriel POUCHET,

Licencié ès sciences,

Préparateur de chimie biologique à la Faculté de médecine de Paris.

PARIS

A. PARENT, IMPRIMEUR DE LA FACULTÉ DE MÉDECINE

29-31, RUE MONSIEUR-LE-PRINCE, 29-31

1880

CONTRIBUTION A LA CONNAISSANCE

DES

MATIÈRES EXTRACTIVES DE L'URINE

INTRODUCTION

J'avais en vue, au moment où j'ai commencé ce travail, l'étude des *matières extractives* en général, quelle que fût leur origine : urine, sang, sueur, salive, bile, sérum musculaire, substance nerveuse, pus, etc., mais j'ai été bientôt obligé de renoncer à cette étude dont le développement est tel que je la considère à présent comme tout à fait impossible à entreprendre par un expérimentateur isolé.

J'ai dû en conséquence me borner à des recherches sur une seule des sécrétions du corps humain, et j'ai choisi l'urine tant à cause de l'état encore peu avancé de la question, que parce que j'espérais en tirer pour les recherches cliniques quelques résultats intéressants.

Bien que mon travail se trouvât ainsi considérablement restreint, je n'ai cependant pas encore réussi à arriver à une connaissance complète et exacte de ce groupe de substances désignées par les différents auteurs sous la rubrique de *matières extractives*.

D'une part, l'extrême difficulté de séparer et de caractériser nettement les nombreux corps qui constituent ce groupe de substances, leurs variations et leur proportion souvent infime nécessitent des opérations délicates et de très longue haleine.

D'autre part, beaucoup de ces substances ne s'obtiennent que très difficilement cristallisées ou à l'état pur, et cela au prix de la perte de la plus grande partie du corps séparé par des opérations antérieures. Enfin, un certain nombre sont incristallisables et c'est précisément celles-là dont je n'ai pu arriver à déterminer exactement la nature, attendu qu'elles sont très probablement constituées par un mélange de corps fort voisins par leur composition.

Malgré le temps déjà considérable pendant lequel m'a occupé ce travail, je dois reconnaître que ses résultats sont bien minimes eu égard surtout à la nature du sujet ; aussi présenté-je cette étude comme une sorte d'introduction, un premier chapitre auquel j'espère en ajouter d'autres au fur et à mesure que les recherches que j'ai entreprises me permettront d'avancer vers la solution de cette question.

J'ai divisé, pour le moment, ce travail en trois parties :

1re Partie. Considérations générales sur les matières extractives.

2e Partie. Recherche et séparation des matières extractives.

3e Partie. Rôle et variations.

CHAPITRE PREMIER.

CONSIDÉRATIONS GÉNÉRALES SUR LES MATIÈRES EXTRACTIVES.

« Dans les analyses *immédiates* des matières d'origine végétale ou animale, on comprend sous la rubrique de MATIÈRES EXTRACTIVES, l'ensemble des substances organiques dont la faible quantité ou la nature non définie n'ont point permis d'effectuer un dosage séparé (1). »

Cette dénomination laisse à désirer à plus d'un titre. N'aurait-elle comme premier et principal inconvénient que de rapprocher et de grouper sous la même dénomination des substances n'ayant entre elles que des analogies et des propriétés plus ou moins éloignées (principes à caractères basiques, acides, amidés, matières colorantes, etc.), ce serait déjà une dénomination défectueuse au point de vue de l'étude purement chimique.

Mais ce qui imprime surtout à cette appellation un caractère d'insuffisance, ce sont les interprétations très différentes que les divers auteurs ont appliquées à ce groupe si étendu de corps.

Pour ne parler que de la sécrétion urinaire qui fait l'objet de cette étude, on trouve, quand on veut effectuer une analyse assez approfondie de ce liquide, outre l'urée et l'acide urique, principaux produits organiques de cette humeur, un grand nombre de substances dont les unes sont

(1) A. Gautier. Chimie appliquée à la physiologie, à la pathologie et l'hygiène.

parfaitement connues, tandis que l'étude des autres a été jusqu'à présent plus ou moins complètement délaissée.

La très minime proportion, par rapport à la masse totale, de ces dernières substances est bien certainement la cause de l'état si peu avancé de nos connaissances relativement à leur nature ; et pourtant leur étude est, tant au point de vue chimique qu'au point de vue physiologique, d'une incontestable utilité.

Quelles relations existent entre ces composés et ceux de même nature que l'on peut rencontrer dans le sang, les muscles, le plasma musculaire, la substance nerveuse, etc., etc.?

Ces considérations sont assurément bien dignes de fixer l'attention des physiologistes, et de la connaissance plus approfondie de ces corps pourra découler peut-être l'explication de phénomènes physiologiques ou pathologiques jusqu'à présent controversés ou même inexpliqués.

Je signalais tout à l'heure la confusion résultant du point de vue spécial auquel s'était placé chaque expérimentateur relativement au groupe de substances qu'il englobait sous la dénomination de matières extractives.

Becquerel dans sa « Séméiotique des urines » appelle matières extractives des urines, les *matières organiques qu'on ne peut isoler et doser séparément*. La proportion s'en élèverait d'après lui à 10 ou 12 grammes par litre d'urine à l'état normal, et il en calcule le poids en les dosant par différence en défalquant du poids laissé par un litre d'urine évaporé à siccité à la température de 100° le poids des sels fixes, de l'urée et de l'acide urique (1).

(1) Relativement à la détermination du résidu fixe laissé par l'évaporation de l'urine, voir un travail très complet de M. le Dr Magnier de la Source, Bulletin de la Société chimique de Paris, t. XXV, 1876, et un mémoire de M. le professeur Ritter, Des matières extractives, Revue médicale de l'Est, t. I, 1874.

Beale (De l'urine et des dépôts urinaires, traduction de MM. Ollivier et Bergeron, 1865) établit des distinctions dans ce groupe de corps et il le divise en trois portions :

1° *Extrait aqueux*, formé par les substances solubles dans l'eau, mais insolubles dans l'alcool absolu et l'alcool à 0,83.

2° *Extrait alcoolique non absolu*, formé par les substances solubles dans l'alcool à 0,83.

3° *Extrait alcoolique absolu*, formé par les substances solubles dans l'alcool absolu.

Beale a, dans ses recherches, laissé de côté l'étude plus approfondie de ces matières, mais il ajoute cependant « qu'elles constituent un sujet d'études digne d'attention et de nature à fournir des résultats d'une haute valeur. »

D'autres chimistes ont cherché à grouper différemment les principes extractifs suivant qu'ils sont séparés par les acétates de plomb, l'acétate, le bichlorure ou le nitrate mercurique, la teinture de noix de galle.

Ces différentes tentatives ont bien peu avancé l'étude de ces principes, mais elles nous montrent en revanche combien est grande la complexité de ces matières et combien leur étude est difficile.

Les auteurs allemands ne font habituellement dans leurs analyses aucune mention de ces matières extractives. Dans les traités relatifs à l'urine et à son analyse, celui de Neubauer et Vogel, par exemple, ils se bornent à la description et à l'indication du mode de dosage du petit nombre de ces éléments qui, dans l'état actuel de nos connaissances, sont assez bien connus (1).

(1) Pour tout ce qui concerne la description, les caractères et les propriétés de chacun des éléments constituant la sécrétion urinaire, je renverrai le lecteur aux traités spéciaux et notamment à l'excellent ouvrage de M. le Dr Armand Gautier. Chimie appliquée à la physiologie, à la pathologie et à l'hygiène, 1874, t. II, p. 7.

CHAPITRE II.

RECHERCHE ET SÉPARATION DES MATIÈRES EXTRACTIVES.

Bien que nous ne possédions encore que des données très imparfaites relativement aux matières extractives de l'urine, le nombre des substances nettement caractérisées que l'on peut en retirer est cependant assez considérable, et, dans ces dernières annés notamment, l'étude de plusieurs d'entre elles a été poussée très loin.

Certains auteurs divisent en deux groupes les matières extractives de l'urine :

Ils rangent dans le premier les substances qu'ils disent exister dans les urines *normales*, et, dans le second, celles qui se rencontreraient seulement dans les urines *pathologiques*.

Cette division ne me paraît pas exacte, et j'ai bien souvent rencontré dans l'urine normale des traces de leucine et de tyrosine, par exemple, qui font partie du second groupe.

Il me semble d'ailleurs difficile que des substances, qui sont généralement considérées comme des produits de transformation et de décomposition successifs des matières protéiques, puissent être aussi nettement scindées par l'évolution de phénomènes pathologiques. Que la production, dans l'état physiologique, de certains de ces principes soit extrêmement faible, ceci est une chose indubitable, mais je ne crois pas que l'on soit autorisé à établir pour cela, entre des corps aussi voisins par leur constitution et leurs propriétés générales, des différences qui permettraient presque de qualifier, par l'analyse seule, telle urine de normale ou pathologique.

Toutes les expériences entreprises dans le but d'étudier les transformations des matières protéiques et les termes successifs de leur dédoublement et notamment les dernières recherches de M. Schützenberger, ainsi que ses études antérieures sur la levûre de bière, me paraissent prouver qu'il ne peut s'agir pour ces corps que de variations *quantitatives*, puisque l'examen *qualitatif* rigoureux des produits de transformation des albuminoïdes amène toujours à la reconnaissance des mêmes composés.

Ce que je viens de dire pour la leucine et la tyrosine, entre autres éléments, ne s'applique évidemment pas à d'autres corps qui, comme l'albumine et le sucre, par exemple, n'apparaissent généralement dans l'urine que dans des conditions pathologiques.

Il existe cependant des causes encore peu connues sous l'influence desquelles des *traces* d'albumine et de sucre peuvent se montrer dans les urines normales. Mais il faut reconnaître que, dans la grande majorité des cas, l'apparition de ces corps coexiste avec des phénomènes pathologiques graves.

La présence de petites quantités constantes d'albumine dans l'urine physiologique a d'ailleurs été signalée déjà par Baylon, qui a décrit ce principe sous le nom d'*albuminose* (Canstatt's Jahresbericht, 1860). Mialhe (Journal de pharmacie et de chimie, t. IX) a parlé également de cette substance qui serait pour lui par rapport à l'albumine ce qu'est le glucose par rapport à l'amidon. Cette albuminose n'est précipitée ni par la chaleur, ni par les acides, ni par les alcalis, mais elle l'est par le tannin et un grand nombre de sels métalliques.

Baylon indique le tartrate de cuivre en solution alcaline comme étant le réactif le plus sensible de l'albuminose.

L'existence de ce corps ne doit être admise qu'avec la

plus grande réserve, et elle n'a pas été confirmée depuis les recherches de ces auteurs.

Brücke, Bence-Jones, Pavy admettent comme normale la présence d'une très petite quantité de sucre dans l'urine ; et, d'autre part, il semble résulter des recherches de Seegen (Der diabetes mellitus) que l'excrétion du sucre par l'urine n'est point une fonction physiologique.

Remarquons d'ailleurs qu'il y a, au point vue biologique, une grande différence entre l'albumine et le sucre, éléments nutritifs, et le reste des corps compris sous la dénomination de matières extractives, qui sont des produits de désassimilation et de dédoublement de ces premières substances.

Quoi qu'il en soit, voici quelles sont les substances actuellement plus ou moins bien connues qui peuvent se rencontrer dans ce que l'on est convenu d'appeler les matières extractives de l'urine (1).

Créatinine (dosable dans l'urine normale).
Créatine.
Xanthine (dosable dans l'urine normale).
Hypoxanthine ou Sarkine.
Carnine.
Guanine.
Leucine.
Tyrosine.
Allantoïne.
Cystine.
Acide oxalurique.
— aspartique?

(1) Je rappellerai ici que nous donnerons avec Hepp cette dénomination de matières extractives à l'ensemble des corps autres que les éléments minéraux, l'urée et l'acide urique.

Acide glutamique?
— lactique.
— hippurique.
— benzoïque.
— succinique.
— phénique.
— taurylique?
— damalurique?
— damolique?
Matières colorantes.

A ces corps, il faut ajouter de très petites quantités d'acide gras volatils (formique, acétique, butyrique, propionique); des acides sulfo-conjugués du phénol signalés par Baumann; et un résidu sirupeux incristallisable, jusqu'alors complètement inconnu.

Cette longue énumération peut rendre compte de la grande difficulté que l'on éprouve quand on veut tenter l'analyse immédiate de ces matières extractives, et de l'embarras où l'on se trouve pour appliquer ou imaginer une méthode rationnelle permettant de séparer les uns des autres des corps souvent si semblables par leurs propriétés chimiques.

J'ai tenté, au début de mes recherches, d'isoler systématiquement dans l'urine, au moyen de la précipitation par des réactifs appropriés, les principales substances qui composent la partie actuellement connue des matières extractives.

Comme je l'ai dit plus haut, il avait été déjà fait quelques tentatives dans cette voie, mais j'ai bientôt dû renoncer à cette manière de procéder. L'impossibilité de faire usage de pareilles méthodes réside tant dans l'emploi des réactifs qu'on ne peut plus éliminer ensuite sans altérer les corps que l'on recherche, que dans les propriétés de ces corps eux-mêmes. Ils s'altèrent, en effet, ou se dédoublent avec la plus grande facilité tant qu'ils se trouvent en présence les uns des autres et surtout tant qu'ils sont mélangés à cette partie incristallisable des matières extractives dont je parlerai plus loin.

Dans ces conditions, les précipitations fractionnées se font mal ou même ne peuvent être employées par suite de la faible proportion des corps à séparer. De plus, l'action des réactifs est entravée soit par la présence d'un autre réactif, soit par celle d'une substance encore en dissolution, plus spécialement de la partie incristallisable qui empêche avec une grande persistance l'isolement des corps susceptibles de cristalliser plus ou moins aisément dans un véhicule employé pur.

J'ai d'ailleurs essayé les sels minéraux et organiques de cuivre, de plomb, de mercure, de zinc, d'argent, de baryum, sans pouvoir arriver à une séparation bien nette de certains éléments plutôt que d'autres.

Il existe bien des méthodes de recherche et même de dosage pour certains corps qui peuvent conduire à l'isolement d'un petit nombre d'entre eux, mais chacune de ces méthodes est spéciale à ce corps ou au milieu dans lequel il se rencontre, et ne peut être utilisée qu'à la condition de perdre en grande partie, sinon en totalité, les autres substances existant dans les dissolutions.

Enfin il faut, autant que possible, éviter de se servir de réactifs qui pourraient décomposer les produits que l'on cherchera à isoler plus tard, et effectuer les évaporations dans le vide et à la température ambiante, tant pour éviter le contact longtemps prolongé de l'oxygène de l'air que pour empêcher les dédoublements qui ne manqueraient pas de s'effectuer par l'action de l'eau à une température un peu élevée sur beaucoup de ces substances, pour peu surtout que les solutions soumises à l'évaporation ne soient pas parfaitement neutres.

Je me suis arrêté en dernier lieu, après bien des tentatives infructueuses, au procédé suivant qui, bien que long et fort compliqué, est encore celui qui m'a fourni les résultats les plus satisfaisants. Ce procédé résulte d'ailleurs de la combinaison et de la modification de ceux employés par Schérer, Neubauer, Hlasiwetz et Haberman, Frerichs et Staedler, pour l'isolement, dans des conditions spéciales, de la plupart des corps dont il va être question.

Une quantité d'urine d'au moins 25 à 30 litres est mise à évaporer (au fur et à mesure qu'elle est recueillie) à une température ne dépassant pas 70 à 80 degrés. On a soin, si cela est nécessaire, de maintenir l'acidité normale pendant l'évaporation, par l'addition de quelques gouttes d'acide acétique. De cette façon, les matières albuminoïdes, dans le cas où il en existe, se trouvent coagulées.

A. – Quand les liqueurs ont atteint une densité moyenne de 1,050, soit 7 Baumé, on les réunit et on y ajoute, jusqu'à cessation de précipité, une dissolution saturée d'hydrate de baryum contenant de plus par litre 10 grammes d'acétate de baryum. La réaction est alors faiblement alcaline.

Le précipité renferme à l'état de sels de baryum les acides sulfurique, phosphorique et urique. Il peut s'y trouver mélangé une petite quantité de sarkine ; mais, en général, la précipitation de cette substance ne s'effectue pas, à cause de sa trop faible quantité. Ce n'est, en effet, qu'en présence d'un assez grand excès d'eau de baryte et dans une liqueur assez concentrée, que la combinaison barytique devient insoluble.

Néanmoins, la méthode à employer pour s'assurer de sa

présence est la suivante : le précipité barytique est traité à une douce température par une lessive faible de soude caustique, la partie insoluble séparée par le filtre et la liqueur additionnée d'acide acétique jusqu'à réaction faiblement acide, ou mieux encore sursaturée par un courant d'acide carbonique.

L'acide urique et la sarkine sont ainsi précipités. On les sépare au moyen de la filtration et la partie insoluble est, après dessiccation, mise en digestion pendant 24 heures avec de l'ammoniaque caustique en ayant soin d'agiter fréquemment.

L'acide urique forme de l'urate ammoniaque insoluble, et, après filtration, la liqueur évaporée au bain-marie laisse de fines aiguilles de sarkine.

B. — La liqueur provenant du traitement par l'eau de baryte est très faiblement acidifiée par l'acide acétique, évaporée presqu'à consistance sirupeuse et abandonnée à la cristallisation dans un endroit froid pendant cinq ou six jours et plus au besoin. La majeure partie de la créatine et de la créatinine se déposent dans ces conditions, et on peut en effectuer la séparation en précipitant la créatinine soit par le nitrate d'argent, soit par le chlorure mercurique (dans les deux cas, il faut faire usage de solutions concentrées), et décomposant le précipité de créatinine mercurique ou argentique par l'hydrogène sulfuré. L'addition de potasse étendue à la liqueur mère précipite la créatine argentique ou mercurique qui sera traitée de la même manière.

La liqueur dans laquelle on a obtenu la cristallisation de ces deux corps est alors additionnée d'une solution bouillante d'acétate de cuivre et évaporée au bain-marie presque jusqu'à siccité. Il faut avoir soin d'ajouter un assez grand excès d'acétate de cuivre, ce que l'on reconnaît à la couleur de la solution sirupeuse vers la fin de l'évaporation.

La masse est reprise par l'eau froide, et le dépôt boueux jeté sur un filtre : il contient, à l'état de combinaisons cuivriques, la xanthine, la sarkine et la guanine. Dans le cas où les liqueurs renferment une notable proportion de leucine, une petite quantité de ce corps peut se trouver mélangée à ce précipité, surtout si l'on n'a pas pris la précaution d'aciduler franchement la liqueur avant d'y ajouter l'acétate de cuivre et d'évaporer.

[L'acide aspartique serait également précipité à l'état d'aspartate neutre].

Pour séparer les composés contenus dans le précipité cuivrique, ce dernier sera dissous dans l'acide chlorhydrique étendu et bouillant, et le cuivre séparé par un courant prolongé d'hydrogène sulfuré agissant sur la solution bouillante.

Après filtration du sulfure de cuivre, la solution évaporée doucement au bain-marie fournit d'abord des croûtes cristallines qui viennent surnager la liqueur et que l'on enlèvera au fur et à mesure de leur production au moyen d'une spatule. Ces croûtes sont constituées par du chlorhydrate de xanthine mélangé à une proportion variable de chlorhydrate de sarkine. On pourra, pour les séparer, se servir du procédé de Neubauer, basé sur la différence de solubilité dans l'acide azotique à 1,2 de densité de leurs combinaisons argentiques. Les cristaux seront redissous dans l'acide chlorhydrique étendu bouillant, décolorés par du noir animal bien lavé à l'acide chlorhydrique pour éliminer complètement les phosphates, et la solution filtrée sera traitée par l'azotate d'argent après l'addition d'un grand excès d'ammoniaque. Il se formera dans ces conditions, après un repos de quarante-huit heures au moins, et si la solution n'est pas par trop étendue, un précipité formé par les combinaisons argentiques de la xanthine et de la sarkine. Ce précipité lavé d'abord à l'eau ammoniacale, puis à l'eau pure, est enlevé du filtre et dissous dans l'acide azotique (D. 1, 1) à l'ébullition. Il reste presque toujours à l'état insoluble quelques flocons de chlorure d'argent que l'on sépare au besoin par le filtre. En abandonnant cette solution azotique pendant douze heures à cristallisation, il se sépare d'abord de la sarkine argentique tandis que la xanthine argentique plus soluble reste dans la liqueur. On peut l'en retirer en additionnant la solution d'ammoniaque qui donne naissance à un précipité floconneux jaunâtre, ou en abandonnant à la cristallisation qui est toujours très longue à se produire. J'ai eu de ces liqueurs qui ont mis plus de trois mois à laisser cristalliser la xanthine argentique dont la forme cristalline est alors parfaitement caractéristique au microscope.

Lorsque le chlorhydrate de xanthine est ainsi séparé de la solution, en continuant à évaporer, on obtient des cristaux aiguillés formés par du chlorhydrate de guanine mélangé aussi à du chlorhydrate de sarkine. La séparation de ces composés est plus facile et surtout plus rapide. Les cristaux redissous dans l'eau bouillante et décolorés par le noir animal, on ajoute à la solution de la soude caustique jusqu'à ce qu'elle soit bien franchement alcaline et que le précipité formé en premier lieu soit redissous. On acidule par l'acide acétique et on abandonne au repos pendant vingt-quatre heures. La guanine et la sarkine forment un précipité floconneux et très léger que l'on sépare par décantation de la liqueur et lave à l'alcool à 95°. En le traitant par l'eau bouillante, on dissout la sarkine que l'on obtient plus ou moins nettement cristallisée par évaporation, tandis que la guanine reste à l'état insoluble sous forme de poudre blanche amorphe, avec laquelle on peut préparer des cristaux de chlorhydrate et d'azotate dont les formes microscopiques sont caractéristiques.

C. Reprenons maintenant la solution cuivrique dont nous venons de séparer les corps décrits ci-dessus.

On y ajoute de l'ammoniaque en excès, jusqu'à ce que l'odeur du mélange soit fortement ammoniacale, on y verse du nitrate d'argent et on abandonne pendant trois ou quatre jours dans un endroit froid. Au bout de ce temps, on trouve un très léger précipité qui renferme *d'une façon constante* de la *carnine*, et qui peut en outre contenir de l'*allantoïne*. Ce précipité est filtré, lavé à l'eau ammoniacale, puis à l'eau pure, mis en suspension dans l'eau et décomposé, à la température du bain-marie, par un courant d'hydrogène sulfuré. Après filtration du sulfure d'argent, la liqueur décolorée par le charbon animal et évaporée à basse température (de préférence dans le vide à la température ambiante) laisse cristalliser la carnine et l'allantoïne, que l'on peut ensuite séparer en traitant par l'alcool faible qui dissout l'allantoïne et des traces seulement de carnine.

Cette dernière se présente au microscope sous forme de petits nodules irréguliers, à cristallisation rayonnée rappelant les nodules de pyrite de fer lorsqu'elle a été préparée par cristallisation au moyen de l'évaporation dans le vide.

J'ai toujours trouvé dans l'urine normale, en opérant de cette manière, des quantités plus ou moins faibles, mais cependant encore appréciables de carnine. Il faudrait donc la ranger avec la créatinine et la xanthine parmi les substances se rencontrant *toujours* dans l'urine physiologique.

D. La liqueur séparée du précipité argentique et privée de l'ammoniaque en excès par évaporation au bain d'eau est traitée, à la température du bain-marie, par un courant d'hydrogène sulfuré. On filtre les sulfures de cuivre et d'argent, et on évapore un bain-marie jusqu'à consistance sirupeuse. On y ajoute alors à deux ou trois reprises de l'alcool contenant une petite proportion d'acide sulfurique et on reprend chaque fois l'évaporation. Cette opération a pour but de transformer en sulfates tous les sels minéraux ; et, grâce à l'addition de l'alcool, d'éliminer autant que possible à l'état d'éthers les acides volatils comme l'acide acétique et l'acide chlorhydrique.

Elle a, il est vrai, l'inconvénient de laisser se perdre en partie ou en totalité d'autres acides volatils, comme les acides gras, mais en revanche on obtient la séparation complète des sels minéraux, ce qui est bien à prendre en considération.

Lorsque, à la température du bain d'eau, les liqueurs ne dégagent plus l'odeur d'acide ou d'éther acétique et chlorhydrique, on verse le sirop dans une grande fiole et on l'additionne de quinze à vingt fois son volume d'alcool à 95°. On sépare ainsi, à l'état de sulfates, tous les sels minéraux et toujours en même temps un peu de créatine et de créatinine qui ont échappé à la cristallisation effectuée au commencement du traitement et qui sont restées dans les eaux mères.

On sépare en même temps dans quelques cas assez rares, il est vrai, une petite quantité de tyrosine qu'il est facile de reconnaître à sa forme cristalline, et que l'on ne peut ainsi confondre avec la créatine et la créatinine. On peut les séparer des sels minéraux en traitant la masse filtrée et lavée à l'alcool à 95° froid, par de l'alcool à 50° bouillant, et évaporant à cristallisation.

En cherchant ainsi à séparer et à caractériser la créatine et la créatinine, j'ai trouvé à côté de ces deux substances un troisième corps se comportant comme un alcaloïde, mais dont je n'ai malheureusement pas pu effectuer l'analyse à cause de son extrêmement faible proportion.

Tout ce que je suis arrivé à constater jusqu'à présent, c'est que ce composé cristallise difficilement par une longue évaporation dans le vide en aiguilles déliées, très déliquescentes, fort peu solubles dans l'alcool, insolubles dans l'éther, à réaction faiblement alcaline, et susceptibles de fournir avec les acides des sels cristallisés. Le chlorhydrate forme des pinceaux de longues et fines aiguilles groupées autour d'un point.

J'ai réussi à effectuer des combinaisons doubles de ce chlorhydrate avec les sels de platine, d'or et de mercure ; combinaisons toutes déliquescentes, solubles dans l'eau, mais insolubles dans l'alcool et l'éther.

Ce chlorhydrate précipite en blanc jaunâtre le réactif de Nessler, et en jaune brun l'iodure de potassium ioduré.

Comme il n'y a pas de réduction du mercure après précipitation par le réactif de Nessler, cette propriété distingue ce corps de la créatinine qui produit une réduction immédiatement consécutive à la précipitation et de la créatine qui réduit après un temps assez court où à chaud.

La forme cristalline du chloroplatinate qui constitue de longs prismes orthorhombiques jaune d'or le différencie également de la névrine dont les cristaux de chloroplatinate sont des prismes clinorhombiques ou des tables hexagonales rouge orangé.

La solubilité de ce même chloroplatinate dans l'eau et son insolubilité dans l'alcool et l'éther le différencient également du chloroplatinate de lécithine qui lui est soluble dans l'éther et insoluble dans l'alcool.

Le chloraurate constitué par de longues aiguilles jaune-serin, très solubles dans l'eau, le distingue également du chloraurate de névrine qui est fort peu soluble dans l'eau surtout à froid et qui est formé de grains cristallins de forme non définie.

Ce corps serait-il l'*oxynévrine* déjà signalée par M. Liebreich comme existant normalement dans l'urine et envisagée par lui comme un produit d'oxydation de la névrine, et reconnu par M. Scheibler identique à un alcaloïde extrait de la betterave et qu'il a appelé *bétaïne* ? C'est ce que les recherches que je continue à effectuer à ce sujet ne tarderont pas à m'apprendre. Aussi ne donnerai-je pas de nom particulier à ce corps avant de l'avoir isolé en quantité suffisante pour étudier complètement ses propriétés et en faire l'analyse rigoureuse.

E. Dans la solution alcoolique séparée du précipité formé par les sels, on ajoute une solution également alcoolique d'acide oxalique pour précipiter l'urée, et jusqu'à ce qu'une nouvelle addition de cet acide ne trouble plus la liqueur éclaircie.

L'oxalate d'urée ainsi formé se dépose très rapidement et, au bout d'une heure ou deux, la précipitation est complète. On le sépare par filtration, le met en suspension dans l'eau, et le décompose par une solution étendue de carbonate de sodium. Quand le dégagement d'acide carbonique a cessé, on additionne de quelques gouttes de soude caustique, chauffe un instant à l'ébullition, filtre, acidule la liqueur par l'acide acétique, et l'évaporation au bain d'eau donne l'urée cristallisée.

La solution oxalique d'où l'on a séparé l'urée est alors exactement neutralisée par l'eau de baryte pour précipiter l'acide oxalique en excès, et la solution filtrée est soumise à la distillation pour en séparer tout l'alcool.

Le résidu de la distillation est une masse sirupeuse, incristallisable, douée d'une fluorescence verte assez prononcée, et fortement colorée en brun rouge, qui donne par la distillation en présence d'un peu d'acide sulfurique de très petites quantités d'acides gros volatils et des traces de phénol. Ce sirop n'est précipité que par le sous-acétate de plomb et les nitrates mercureux et mercurique. Ces précipités, un peu solubles dans une grande quantité d'eau reproduisent après séparation du métal par l'hydrogène sulfuré une liqueur incristallisable comme la solution primitive, soluble dans l'alcool et se séparant à l'état liquide par addition d'éther à la solution alcoolique.

L'agitation de cette masse sirupeuse avec une grande quantité d'éther permet le plus souvent d'isoler de petites quantités d'acides hippurique et succinique et des traces d'acide lactique.

J'ai abandonné pendant plus de deux mois une pareille liqueur dans le vide de la machine pneumatique, au-dessus de l'acide sulfurique, sans arriver à obtenir une trace de cristallisation.

Cette masse est-elle constituée par une ou plusieurs substances; et à quel groupe chimique faut-il la ou les rapporter? C'est ce que je ne saurais encore préciser. Elle forme une partie assez notable de la totalité des substances existant dans l'urine, et l'on se trouve là aux prises avec des difficultés presque insurmontables en présence de ce corps ne donnant par aucun moyen des composés cristallisés et à l'égard duquel la précipitation fractionnée ne semble même pas devoir fournir un moyen de séparation ou de purification bien tranchées.

Je poursuis néanmoins mes recherches sur ce résidu avec l'espoir d'arriver un jour par un moyen qu'à la vérité je ne puis prévoir encore à une connaissance plus complète de ces corps si intéressants.

J'ai encore tenté, mais en vain, de retrouver dans cette partie incristallisable les acides taurylique, damolique et damalurique de Staedler ainsi que les acides aspartique et glutamique signalés par Hlasiwetz et Habermann comme devant exister *probablement* dans l'urine en qualité de produits de dédoublement des matières albuminoïdes de l'organisme.

L'état actuel de nos connaissances relativement aux acides de Staedler laisse d'ailleurs à désirer et, du reste, la recherche de ces acides doit s'opérer sur l'urine même, aussitôt après son émission, à cause de leur facile altérabilité.

Si l'on avait quelque raison de soupçonner dans l'urine soumise à l'examen la présence de la leucine, c'est dans ce sirop incristallisable qu'elle devrait être recherchée. (J'ai déjà signalé ci-dessus l'empêchement apporté à la cristallisation de tous les corps déjà décrits par cette partie incristallisable, mais c'est surtout relativement à la leucine que cette action est encore plus accentuée). Pour cela, on l'étendrait d'eau, le précipiterait exactement par le sous-acétate de plomb en évitant d'en ajouter un excès; et, dans la liqueur filtrée, l'addition d'ammoniaque et d'une nouvelle quantité de sous-acétate de plomb déterminerait la précipitation de la combinaison plombique de leucine. Cette combinaison lavée à l'eau froide, puis mise en suspension dans l'eau bouillante et décomposée par l'hydrogène sulfuré, fournirait, par évaporation de la liqueur, la leucine à l'état cristallisé.

Pour ce qui est des matières colorantes, je renverrai le lecteur aux traités spéciaux écrits sur la composition des urines, mes investigations n'ayant pas porté sur ce sujet, du moins dans mes essais d'analyse immédiate des matières extractives.

Tel est le point où je suis arrivé dans mes recherches entreprises depuis déjà plus de six mois. On voudra bien, je l'espère, reconnaître que, si j'ai très peu fait avancer l'étude de cette question, j'ai du moins essayé d'y mettre un peu d'ordre et de substituer aux méthodes si nombreuses et si dissemblables utilisées pour isoler en particulier tel ou tel des corps dont je viens de parler, un procédé de recherche qui, appliqué toujours dans les mêmes conditions, mais modifié au besoin dans ses détails, permettra de faire plus avantageusement l'étude comparative des substances contenues dans les divers liquides de l'économie.

Je me propose d'étendre ces recherches, dans le même sens, aux *matières extractives* de divers produits tant physiologiques que pathologiques comme le sang, le pus, le sérum musculaire, la substance nerveuse, etc. Je n'ai certes pas la prétention de ne laisser échapper ainsi aucun des corps qui peuvent se rencontrer dans ces matériaux, mais j'ai la conviction que ce travail, quelque imparfait qu'il soit au premier abord, pourra amener à des résultats intéressants; et, par le perfectionnement successif des méthodes d'investigation, à une connaissance plus approfondie de la constitution de ces produits si complexes (1).

(1) C'est à dessein que j'ai passé sous silence certains corps comme l'*acide cryptophanique* de Thudichum, la *caséine urinaire*, l'*alcaptone* de Bödecker, l'*alloxane*, la *pyrocatéchine*, corps dont l'existence propre ou la présence dans l'urine sont loin d'être démontrées. J'ai omis également l'*acide oxalurique* qui nécessite pour sa recherche une méthode toute spéciale et une énorme quantité d'urine exclusivement réservée à sa préparation. Quant à la *cystine*, je ne l'ai jusqu'à présent jamais rencontrée, soit en dissolution dans l'urine, soit sous forme de sédiment. Tous les auteurs s'accordent du reste à la considérer comme étant extrêmement rare.

CHAPITRE III.

VARIATIONS ET RÔLE DES MATIÈRES EXTRACTIVES.

L'étude comparée des phénomènes pathologiques et de la présence, en quantité variable, des matières extractives dans l'urine est toute récente, et a pris dans ces dernières années un développement inattendu grâce aux progrès effectués dans les méthodes de la chimie physiologique.

Cependant, il reste encore beaucoup à faire pour arriver à élucider complètement cette question et à attribuer à chacune des substances, actuellement isolées des matières extractives, son véritable rôle dans l'économie.

La difficulté de se procurer en quantité suffisante et dans un état de pureté parfaite la plupart de ces corps n'a pas encore permis de développer suffisamment le côté d'expérimentation physiologique, et si l'on est à présent bien certain de l'innocuité consécutive aux injections sous-cutanées ou intra-veineuses et à l'absorption gastro-intestinale de l'urée, par exemple, il s'en faut de beaucoup que l'on ait cette même certitude en ce qui regarde les substances plus rares et plus difficiles à isoler : comme la créatinine, la xanthine, la carnine, etc.

Presque toutes les recherches effectuées jusqu'à présent dans cette direction ont été faites avec des vues exclusives et se rapportant plus spécialement à la pathogénie de l'urémie.

Il faut reconnaître que cette maladie, par l'intensité même des symptômes qu'elle provoque et par la diminution de la sécrétion urinaire qui l'accompagne constamment, était bien de nature à solliciter vers ce point l'attention des observateurs. Il en a été de même de l'*intoxication urineuse* dont l'idée a été émise pour la première fois par Velpeau, puis soutenue par Maisonneuve, et dont quelques symptômes ressemblent de très près à ceux de l'urémie.

Les variations quantitatives des diverses substances qui constituent les matières extractives sont, pour la plupart d'entre elles, presque impossibles à déterminer avec précision comme on a pu le voir dans le chapitre précédent. Aussi connaît-on fort peu de chose relativement à leur valeur séméiologique. L'étude de ces variations n'a d'ailleurs été tentée jusqu'ici que pour toutes les matières extractives prises en masse, et si la science possède de rares dosages suivis de l'une ou l'autre de ces matières isolées, ça n'est que dans quelques cas tout à fait spéciaux.

Si l'on considère que ces matières extractives sont des termes intermédiaires et successifs de l'oxydation des tissus, on doit s'attendre à voir leur proportion augmenter ou diminuer selon que les phénomènes d'oxydation dans l'organisme seront eux-mêmes plus ou moins intenses : c'est en effet ce qui a été constaté tout d'abord. Il est bien certain par exemple que toutes les urines fébriles laissent une quantité de résidu fixe supérieure à la quantité normale non seulement pour le poids de l'urée, de l'acide urique et des sels, mais encore pour le poids du résidu fixe indéterminé qui constitue ce que l'on désigne ordinairement sous la rubrique de *matières extractives*.

Mais cette augmentation porte-t-elle sur un ou plusieurs éléments de ces matières extractives de préférence aux autres ?

Y a-t-il une relation à établir entre l'apparition en

quantité exagérée de tel ou tel corps et la production de tel ou tel phénomène pathologique?

Cette quantité anormale d'une ou de quelques-unes de ces substances doit elle être interprétée par le fait d'une désassimilation profonde des tissus de l'économie se faisant sur une large échelle, ou bien au contraire à un ralentissement dans les fonctions normales?

Autant de questions auxquelles il est, pour le moment du moins, impossible de répondre avec quelque certitude basée sur des résultats d'expérience.

Les variations relatives à la *nature* des matières extractives de l'urine sont, au moins pour les substances nettement définies, assez restreintes. Suivant les cas, il y a prédominance soit de *leucine* et *tyrosine* (maladies du foie, des voies biliaires, un assez grand nombre d'affections de l'appareil digestif), soit de *xanthine* et *hypoxanthine* mélangées à des proportions plus ou moins variables de *guanine* et surtout de *carnine* (maladies fébriles en général, affections du système nerveux). L'*allantoïne*, dont je n'ai eu l'occasion d'observer la présence en quantité nettement appréciable que dans deux cas (diabète insipide et hystérie grave), se trouva d'une façon constante dans les urines pendant la grossesse.

Quant aux substances incristallisables, en attendant qu'une étude plus approfondie puisse m'éclairer sur leur composition, je n'ai pu jusqu'à présent arriver à saisir aucune relation entre leur présence, leur plus ou moins grande proportion et la manifestation de tels ou tels phénomènes pathologiques. Il en existe toujours une certaine proportion dans l'urine même dans l'état de santé parfaite, et si leur augmentation n'est pas douteuse pendant la période aiguë de certaines affections graves (fièvre typhoïde, ictère grave, choléra), il est actuellement presque impossible d'obtenir même une approximation de leur quantité dans les cas de maladies légères et à plus forte raison de troubles passagers des fonctions normales.

Le rôle que jouent ces substances dans l'économie est lui-même assez obscur, bien que d'assez nombreux travaux aient été effectués dans le but d'éclaircir ce côté de la question.

I. — On sait que l'on attribuait autrefois à la rétention de l'urée dans l'économie, rétention expliquée par une diminution de la quantité normale de l'urine, les symptômes graves de l'urémie. On admettait que, reprise par la circulation, cette urée se décomposait dans le sang en carbonate d'ammonium et que, de cette façon, apparaissaient les phénomènes ataxiques et adynamiques non seulement de l'urémie, mais encore de certaines affections graves, comme la fièvre typhoïde, le choléra, etc.

Un remarquable travail de M. le Dr P. Chalvet, inséré dans la Gazette des hôpitaux (décembre 1867 et janvier 1868) est venu le premier, je crois, montrer qu'il faut attribuer ces phénomènes morbides à la rétention et à la résorption consécutive non pas de l'urée, mais des matières extractives.

Relativement à l'urémie, l'auteur est arrivé aux conclusions suivantes :

1° L'urée ne s'accumule pas dans le sang des urémiques, ni dans l'intervalle, ni pendant l'attaque éclamptique.

2° L'accumulation de l'urée dans le sang est un phénomène très rare, ne s'observant bien que chez les cholériques, tant que dure la suppression de l'urine.

3° Aucune analyse positive n'a démontré jusqu'ici la décomposition de l'urée en carbonate d'ammonium dans le sang même.

Schottin, Reuling, Hoppe, Oppler avaient déjà dans leurs

travaux insisté sur l'accumulation des matières extractives dans le sang des urémiques, et avaient opposé aux théories de Frerichs et de Flint sur l'empoisonnement par la transformation de l'urée en carbonate d'ammonium celle de l'intoxication par rétention dans les tissus de produits azotés, insuffisamment éliminés par les reins.

Kühne et Strauch avaient en outre déjà démontré d'une façon positive l'absence du carbonate d'ammonium dans le sang des urémiques.

Enfin le Dr W. Rommelaere publia en même temps que le travail de M. le Dr Chalvet une étude intitulée : « De la pathogénie des symptômes urémiques, » dans laquelle il arrive aux mêmes conclusions.

Les recherches de Chalvet sont d'autant plus importantes qu'elles mettent en lumière, par l'examen comparé du sang et de l'urine, l'accumulation des substances extractives dans le premier concordant avec leur diminution dans le liquide de l'excrétion rénale, augmentation qui suit absolument le développement et la marche des phénomènes ataxiques et adynamiques. De plus, l'auteur a étendu à un grand nombre de maladies cette étude comparée du sang et de l'urine, et ses résultats ont toujours concordé avec la théorie de l'intoxication de l'économie par les substances extractives.

De quelques expériences que j'ai faites à ce sujet, je crois pouvoir conclure également à l'intoxication par les matières extractives, mais je serais assez tenté d'attribuer aux *matières extractives incristallisables* un rôle prépondérant dans cette intoxication.

J'ai pu en effet injecter à des chiens, des chats, des grenouilles, des solutions plus ou moins concentrées renfermant un seul ou les divers principes nettement définis que j'ai pu extraire en quantité suffisante pour en constater la nature, et cela sans qu'il en soit jamais résulté de désordres sérieux dans l'économie. Il m'a seulement semblé y avoir une certaine prédisposition à la genèse d'abcès au niveau des piqûres produites par les injections : peut-être faut-il attribuer ce fait à la nature des liquides injectés qui sont, le plus souvent, d'une acidité assez forte, indispensable pour la dissolution des corps en expérience, comme le chlorhydrate de xanthine, par exemple.

Au contraire, l'injection sous-cutanée d'une solution des substances incristallisables a été généralement suivie de phénomènes morbides plus ou moins intenses. Il en est de même, d'après les travaux de M. le Dr Cuffer (thèse de Paris 1878), pour les injections de créatine qui auraient la propriété de paralyser les globules sanguins, d'en diminuer le nombre, et de leur faire perdre leur faculté d'absorption pour l'oxygène.

Mais ces recherches de pathologie expérimentale demanderaient à être reprises, et l'étude de chaque principe en particulier soumise au contrôle d'un nombre suffisant d'essais.

C'est surtout par l'analyse de la sécrétion urinaire que l'on a cherché, dans ces derniers temps, à élucider ces diverses questions ; et c'est de la diminution de la quantité d'urée éliminée normalement par l'urine que Richerand d'abord, puis Wilson et Vogel avaient conclu à son accumulation dans le sang ; puis ensuite à sa décomposition dans ce milieu en carbonate d'ammonium. (Théorie de l'ammonémie de Frerichs.)

Après eux, Reuling (thèse de Giessen, 1854), Hoppe (Deutsche Klinik, 1854) et surtout Schottin (Ueber die Ausscheidung von Kreatin und Kreatinin durch Harn und transsudate. Archiv. der Heilkunde, 1860) dans une série de recherches très intéressantes, après avoir appelé l'attention sur la diminution des matières extractives éliminées par l'urine, concluait à leur accumulation dans l'organisme, et précisait davantage les conditions de ses recherches en donnant des dosages comparatifs de la créatine et de la créatinine dans l'urine et les exsudats.

Les conclusions de son travail sont remarquables et constituent les premiers résultats basés sur des données analytiques incontestables, eu égard à l'habileté de leur auteur :

« 1° Les troubles de la sécrétion urinaire donnent lieu à une accumulation de créatinine dans l'organisme ;

« 2° La quantité de créatine retenue dans le sang est proportionnelle à l'intensité des phénomènes urémiques ;

« 3° Il survient une diminution brusque de créatine dans le sang et de créatinine dans l'urine à la suite d'épanchements abondants dans les séreuses ou dans le tissu cellulaire ; ces deux principes se retrouvent, dans ce cas, dans les produits d'exsudation. »

Ces travaux avaient une portée d'autant plus grande que leur auteur, loin de limiter ses observations à l'urémie seulement, les étendit à la fièvre typhoïde en joignant, à l'analyse des urines émises pendant les diverses périodes de cette maladie, l'analyse des muscles et des exsudats dans lesquels il constata l'accumulation de ces mêmes éléments.

Il signale également pour quelques cas dans l'excrétion urinaire une augmentation exagérée de créatinine, coïncidant avec la disparition des phénomènes morbides graves.

Munk a trouvé la créatinine augmentée dans l'urine émise pendant les maladies aiguës, comme la pneumonie, la période d'augment de la fièvre typhoïde, la fièvre intermittente. Elle était au contraire diminuée dans la convalescence, notamment lorsque l'anémie des malades était arrivée à un très haut degré.

D'après Hofmann (Virchow's, Archiv, t. XLVIII), les affections purement locales seraient sans influence, tandis que les maladies fébriles produiraient une augmentation de créatinine se faisant aux dépens de la substance musculaire du corps. Une diminution dans l'excrétion de la créatinine coïnciderait avec les maladies accompagnées de nutrition incomplète. Dans la dégénérescence avancée des reins, la teneur de l'urine en créatinine diminuerait même malgré l'emploi d'une nourriture animale abondante. Vogel pense que cette diminution tient à ce que les reins ne peuvent plus transformer en créatinine la créatine contenue dans le sang. Cette interprétation semblerait confirmée par les recherches déjà citées de M. le Dr Cuffer sur l'accumulation de la créatine dans le sang et rendrait compte des phénomènes ataxo-adynamiques qui accompagnent la dégénérescence avancée des reins dans la période atrophique du mal de Bright.

II. — Senator (Ueber die Besschaffenheit des Harnes im Tetanus. Virchow's, Archiv, t. XLVIII) dans deux cas de tétanos a trouvé une augmentation considérable de la créatinine urinaire. Une activité musculaire excessive accompagne cependant toujours cette affection, mais il résulte des expériences de Nawrocki (Centralblatt fur die Medicinische Wissenchaft, 1866), Voit (Zeitschrift fur Biologie, t. IV), et Meissner (Zeitschrift fur rationnelle Medicin, 1868, t. XXXI) qu'une augmentation de l'activité des muscles, indépendante d'une transformation chimique de leur substance, n'a pas pour conséquence une augmentation dans l'excrétion de la créatinine.

Voit a émis l'opinion, que semblent venir confirmer les

faits ci-dessus, que la métamorphose de la créatinine des muscles n'a pas lieu dans le sang, mais bien dans les reins.

D'après J. Ranke, la créatinine possèderait la propriété, quand elle est injectée dans le sang, d'exalter l'irritabilité des nerfs périphériques tout en abaissant l'énergie fonctionnelle des muscles, et de produire par suite des contractions musculaires spasmodiques. Hahn (Dict. encyclopédique, t. XXII, 1re série) en conclut qu'il est facile de concevoir que « l'accumulation pathologique de cette substance puisse jouer un certain rôle dans les phénomènes spasmodiques, les soubresauts des tendons, l'épuisement musculaire que l'on observe dans un grand nombre de maladies. »

L'élimination normale de la créatinine par les urines physiologiques est d'ailleurs soumise à quelques variations. Hofmann (loco citato), dont les recherches à ce sujet ont été très approfondies, a trouvé que le coefficient normal d'élimination chez l'homme adulte était d'environ 1 gramme par 24 heures. Chez les femmes, la moyenne est un peu plus faible (0 gr. 75 environ). Chez les enfants à la mamelle, il y a absence complète de cet élément dans l'urine. L'exercice corporel serait sans influence sur l'élimination. L'ingestion de viande en notable quantité augmenterait au contraire considérablement son excrétion par l'urine : il en apparaitrait même dans ce cas dans l'urine des jeunes enfants. Enfin, dans les états de faiblesse générale, dans les cas d'alimentation insuffisante et chez les diabétiques, l'excrétion de la créatinine serait plus ou moins diminuée.

III. — Relativement à la créatine, il parait bien établi maintenant par les recherches de Heintz, confirmées ensuite par Liebig et Dessaignes, puis par Neubauer, que ce principe n'existe pas dans l'urine au moment de son émission et qu'il ne s'y forme qu'aux dépens de la créatinine, par absorption d'eau déterminée par les réactions qui se passent dans l'urine presque aussitôt après son expulsion de l'organisme.

L'existence de cet élément dans les muscles en quantité assez notable (0,25 p. 100 de muscle humide) et sa grande richesse en azote pourraient conduire à le regarder comme un élément réparateur assez important ; mais, d'autre part, sa facile décomposition en urée et en sarkosine ou méthylglycocolle, sa transformation si aisée en créatinine, substances qui doivent être certainement envisagées comme des produits excrémentitiels, amènent à le considérer plutôt comme un des termes de la métamorphose régressive de la matière, terme moyen entre les corps d'une complication moléculaire considérable tels que les matières protéiques, et ceux de composition plus simple comme l'urée qui semble être le produit ultime de ces transformations. Il y a lieu, dans tous les cas, de rapprocher plutôt la créatine de l'urée que des matières protéiques.

Il est bon cependant de noter que l'injection de créatine dans les muscles n'amène pas la fatigue musculaire, ce qui semble devoir conduire à ne pas l'envisager comme un produit d'excrétion ou de désassimilation de la fibre musculaire. D'après Navrowcki, l'augmentation de la créatine serait très peu élevée dans le muscle en état de tétanos, mais il existe d'autre part un fait signalé par Liebig et qui l'a amené à ce résultat que la viande d'un renard apprivoisé contenait dix fois moins de créatine que celle d'un renard qui avait été *forcé*. De plus, Helmoltz, le premier, a fait voir que les muscles tétanisés fournissent plus d'extrait alcoolique et moins d'extrait aqueux que les muscles au repos. (A. Gautier, Chimie appliquée à la physiologie, à la pathologie et à l'hygiène, t. Ier). Cette augmentation de l'extrait alcoolique dans lequel la créatine ne peut exister qu'en très faible proportion, puisqu'elle est presque complètement insoluble dans l'alcool, concorde avec les expériences de Sarokin (Archiv. für. pathol. Anatomie, t. XXVIII) qui a trouvé, contrairement aux résultats de Nawrocki, que la créatine restait à peu près constante sous l'influence de la fatigue musculaire, tandis que la créatinine subirait une assez notable augmentation. (Créatinine : repos, 0,06 ; tétanos, 0,11 p. 100 de muscles.) Il en résulte qu'on ne peut encore rien dire de bien précis au sujet de l'importance physiologique de la créatine.

Les données que l'on possède actuellement sur la valeur séméiologique des autres substances faisant partie des matières extractives de l'urine sont peut-être encore moins précises.

IV. — Jusqu'à une époque assez récente, on a considéré la xanthine comme un élément très rare de certains calculs vésicaux. On sait aujourd'hui que sa présence est normale dans l'urine, fait bien mis en évidence par les travaux de Schérer et Staedler.

Mosler et Salkowski ont signalé son augmentation en même temps que celle de la sarkine dans l'urine des leucémiques. Salkowski a surtout appelé l'attention sur la présence de la sarkine dans la moelle des os des leucémiques.

Dans le nombre assez considérable d'analyses immédiates des matières extractives que j'ai pu effectuer pendant la durée de mes recherches, j'ai toujours constaté que l'augmentation de la masse des matières extractives coïncidait surtout avec une augmentation de la quantité de xanthine, augmentation telle, principalement chez les individus affectés de lésions des centres nerveux, que dans le service de M. le professeur Vulpian à l'hôpital de la Charité, chez un malade atteint de pachyméningite cervicale hypertrophique et un second malade affecté de tabes dorsalis, j'ai pu doser jusqu'à 0 gr. 15 et 0 gr. 08 de xanthine éliminée par l'urine en vingt-quatre heures. Or, d'après Neubauer, 300 kilogrammes d'urine normale ne fourniraient que 1 gramme de xanthine.

Ce sont les deux seuls cas de maladies nerveuses dans lesquels j'ai eu l'occasion de faire l'analyse immédiate des matières extractives de l'urine. L'examen répété à plusieurs reprises m'a toujours conduit à vérifier l'élimination d'une quantité relativement considérable de xanthine à laquelle se trouvait associée une proportion parfois très faible de sarkine. La guanine existait également en quantité anormale dans ces mêmes urines, mais je n'ai pas exécuté de dosages séparés de ce dernier corps à cause de l'extrême difficulté que l'on rencontre à séparer quantitativement cet élément de la xanthine et de la sarkine.

V. — L'allantoïne a été trouvée dans l'urine des nouveau-nés durant les huit premiers jours qui suivent la naissance. Staedler a signalé sa présence dans l'urine des chiens atteints de troubles respiratoires. Meissner et Joly l'ont trouvée dans l'urine des chiens soumis à une alimentation riche en graisse et longtemps continuée. Schottin a fait voir qu'il s'en trouve une proportion assez considérable dans l'urine humaine après l'ingestion de grandes quantités de tannin. Gusserow et Hermann ont démontré que ce corps existe en petite quantité dans l'urine normale chez l'homme, et plus abondamment dans l'urine des femmes enceintes, fait que j'ai également vérifié. J'ai rencontré de plus cette substance en quantité assez notable dans l'urine de deux malades dont l'un était atteint de diabète insipide et l'autre d'hystérie à forme convulsive.

VI. — Frerichs a, je crois, attiré le premier l'attention sur l'apparition de quantités considérables de leucine et de tyrosine dans les urines des malades atteints d'atrophie aiguë du foie. Hoppe Seyler dit que la leucine n'existe dans les urines que dans les cas bien constatés de ramollissement du foie. Il est cependant bien avéré que la leucine et la tyrosine se rencontrent presque d'une façon constante dans l'urine des varioleux et des typhiques, surtout dans la période ataxo-adynamique des fièvres typhoïdes graves. J'ai plusieurs fois constaté leur présence dans l'urine normale, en très petite quantité, il est vrai, et cela sans pouvoir rattacher le moins du monde ce fait à un état morbide quelconque. Quoi qu'il en soit, il est bien certain que la présence de ces corps en quantité un peu considérable dans l'urine ne se révèle que dans des cas pathologiques en général très graves.

A côté de la leucine et de la tyrosine, qu'ils considèrent comme pathognomonique de l'atrophie aiguë du foie quand leur proportion est assez considérable et qu'il y a en même temps diminution ou même suppression de l'urée, O. Schultzen et L. Riess (Ueber acut. Phosphor vergistung und Leberatrophie, Berlin 1869) ont signalé chez les malades atteints de cette affection la présence de l'*acide oxyformobenzoïlique*, en même temps que l'acide sarcolactique, des pigments et des acides biliaires. D'après ces auteurs, il y aurait également dans l'urine de ces malades, à la période ultime de la maladie, de petites quantités d'albumine et de cette substance analogue aux peptones que l'on trouve presque constamment dans l'urine des individus empoisonnés par le phosphore, et en proportion parfois considérable. On pourrait presque considérer comme une sanction expérimentale l'élimination, semblable dans les deux cas, des substances dont il vient d'être question, l'empoisonnement aigu par le phosphore déterminant à un si haut degré la stéatose du foie.

VII. — Peu de questions ont jusqu'alors soulevé dans le domaine de la chimie biologique autant de controverses que celle relative à la quantité, mais surtout à la nature des matières colorantes de l'urine.

Il suffirait pour en donner une idée de citer quelques-uns des noms qui ont été proposés pour ces substances. Il s'en faut d'ailleurs que l'accord soit parfaitement établi relativement à ce point de l'histoire chimique de l'urine. Sans parler des colorations accidentelles que peut prendre l'urine par son mélange à du sang, des produits de décomposition de l'hémoglobine, des pigments biliaires, ou des substances colorantes introduites par la peau, les muqueuses ou les voies digestives, on est loin d'être d'accord sur le nombre des principes colorants existant dans ce liquide, même à l'état normal.

Néanmoins, l'existence de deux de ces principes paraît nettement établie. Je veux parler de l'*hydrobilirubine* ou *urobiline* de Jaffé et de l'*indican* de Schunck.

Comme nous ne nous occupons ici que des rapports de ces matières colorantes avec les phénomènes normaux ou pathologiques, je renverrai pour leur description et l'étude de leurs caractères aux traités spéciaux.

Matière colorante probablement unique de l'urine normale, l'urobiline augmente en quantité principalement dans les urines fébriles et, sous ce rapport, il faut mentionner tout particulièrement les urines émises pendant les accès de fièvres intermittentes. C'est de ces urines qu'il est le plus avantageux de se servir pour extraire l'urobiline au moyen du procédé décrit par Jaffé. Cependant, on y rencontre aussi d'une façon presque constante des quantités variables d'indican, comme j'ai toujours eu l'occasion de m'en assurer en examinant à ce point de vue les urines des malades atteints de fièvres paludéennes.

L'apparition ou l'augmentation de l'indican a été signalée dans des cas pathologiques tellement nombreux et différents que ce fait n'a plus par lui seul aucune valeur pathognomonique.

C'est dans l'urine des individus affectés de carcinome du foie que Hoppe dit en avoir observé la plus forte proportion. Mais on en constate des quantités parfois considérables dans les urines des cholériques, des typhiques, des phthisiques et des malades atteints de lésions de la moelle épinière.

J'ai eu maintes fois l'occasion d'observer dans le service de M. le professeur Vulpian que l'indican apparaît en quantité très notable chez tous les typhiques, presque au début de la maladie, et qu'il en existe encore en quantité très facilement appréciable pendant un temps souvent assez long après que la convalescence s'est nettement établie.

Jaffé et Rosenstein (Central. f. der med. Wifsenschaft, 1872, et Virchow's, Archiv., t. LVI) ont noté une augmentation considérable de l'indican dans la maladie d'Addison et tous les processus pathologiques entraînant une obstruction de l'intestin grêle. Jaffé l'a fait apparaître en quantité exagérée dans l'urine après des injections sous-cutanées d'indol, fait d'un haut intérêt, si on le rapproche de l'observation de Kühne qui a constaté la présence de l'indol dans le canal intestinal parmi les produits de la digestion pancréatique, et des recherches de Nencki dans lesquelles cet auteur a pu obtenir directement l'indol en notable quantité en faisant réagir le ferment pancréatique sur l'albumine du sang.

D'après Kletzinsky, la créosote et l'essence d'amandes

amères, même prises à petites doses, augmenteraient d'une manière remarquable la quantité d'indican renfermé dans l'urine ou l'y feraient apparaître.

La propriété la plus remarquable de ce corps réside, à mon avis, dans son dédoublement sous l'influence des acides minéraux. Dans certains cas, on obtient une matière colorante se dissolvant en bleu (*Uroglaucine* de Heller) dans le chloroforme ; dans d'autres cas, c'est une matière colorante rouge (*Urrhodine* de Heller) qui prend naissance. On observe même quelquefois la production simultanée de ces deux pigments. Il est jusqu'à présent tout à fait impossible de spécifier dans quelles conditions se produit l'une ou l'autre de ces matières colorantes qui ont été appelées bleu et rouge d'indigo. Heller n'a pas donné d'analyse de son urrhodine. Nencki et Massow auraient obtenu la production d'urrhodine dans l'urine après avoir administré à l'intérieur de l'oxindol, du dioxindol et de l'isatine.

Ces expériences jointes à celles de Kühne et de Nencki, citées ci-dessus, à propos des relations existant entre la présence de l'indol dans le tube digestif et la production de l'indican dans l'urine tendraient à faire envisager ce dernier comme un produit probable de la métamorphose des matières protéiques, ce que paraît confirmer son dédoublement en leucine et acides gros volatils sous l'influence des acides énergiques à la température de l'ébullition.

L'*uroxanthine* de Heller serait d'après Schunck et Hoppe Seyler identique à l'indican.

Pour terminer ce qui est relatif aux matières colorantes, je ne ferai que citer la coloration noire des urines signalée par J. Vogel dans l'empoisonnement par l'hydrogène arsénié, et l'existence de deux matières colorantes nouvelles bien étudiées et analysées avec soin par M. Baumstark

(Berichte der deutsche chemische Gesellschaft, 1874), l'*urorubrohématine* et l'*urofuscohématine* qu'il a trouvées dans les urines d'un *lépreux* (?). D'après les détails et les analyses donnés par cet auteur, l'existence de ces deux matières colorantes ne paraît pas devoir être mise en doute.

Comme on a pu le voir en lisant ces dernières pages, les relations existant entre l'élimination des matières extractives de l'urine actuellement bien connues et la production des phénomènes physiologiques et pathologiques sont encore fort obscures et le champ reste largement ouvert aux recherches de toute nature et à l'expérimentation. Les rapports prochains ou éloignés des matières extractives de l'urine avec celles des autres liquides ou organes de l'économie ne peuvent manquer de fournir des comparaisons menant à des résultats du plus grand intérêt. Aussi me proposé-je, en poursuivant les recherches dont je viens d'exposer les premiers résultats, d'entreprendre d'une façon semblable l'étude de quelques-uns des éléments de l'organisme.

Quant au côté de physiologie expérimentale, il reste presque tout entier à exécuter, puisque c'est seulement à propos de l'urée et de la créatine que des expériences suivies ont été instituées. Je souhaite que cette étude fasse naître chez quelqu'un le désir d'entreprendre cette série d'investigations.

Puissé-je, dans ce modeste travail, avoir représenté assez nettement l'état actuel de nos connaissances relativement aux matières extractives de l'urine pour qu'il puisse servir de point de départ à de nouvelles recherches : à cela se bornent mes désirs.

Paris. — A. PARENT, imp. de la Faculté de Médecine, r. M.-le-Prince, 29-31.

www.ingramcontent.com/pod-product-compliance
Ingram Content Group UK Ltd.
Pitfield, Milton Keynes, MK11 3LW, UK
UKHW021120230726
13926UKWH00002B/571